《云南名特药材种植技术丛书》编委会

顾　问：朱兆云　金　航　杨生超

郭元靖

主　编：赵　仁　张金渝

编　委（按姓氏笔画）：

牛云壮　文国松　苏　豹

肖　鹏　陈军文　张金渝

杨天梅　赵　仁　赵振玲

徐绍忠　谭文红

本册编者：金　航　张　霁　张金渝

杨天梅　杨美权　杨维泽

张智慧　赵振玲　王元忠

序

彩云之南自然环境多样，地理气候独特，孕育着丰富多样的天然药物资源，“药材之乡”的美誉享于国内外。

云药资源优势转变为产业优势的发展特色突出，亦带动了生物产业的不断壮大。当下，野生药用资源日渐紧缺，采用人工繁育种植方式来满足医疗保健及产业可持续发展大势所趋。丛书选择了天麻、灯盏细辛、当归、石斛、木香、秦艽、续断等云南名特药材，特别是目前野生资源紧缺，市场需求较大的常用品种，以种植技术和优质种源为重点内容加以介绍，汇集种植生产第一线药农的实践经验，病虫害防治方法等，凝聚了科研人员的研究成果。该书采用浅显的语言进行了论述，通俗易懂。云南中医药学会名特药材种植专业委员会编辑

成的该套丛书，对于云南中药材规范化、规模化种植具有一定指导意义，为改善和提高山区少数民族群众收入提供了一条重要的技术途径。愿本套丛书能够对推动我省中药种植生产事业发展有所收益，此序。

云南中医药学会名特药材种植专业委员会

名誉会长 [签名]

前　言

绿色经济强省，生物资源是支撑。保持资源的可持续发展，是生态文明建设的前瞻性工作。云南省委、省政府历来高度重视生物医药发展，将生物医药产业作为云南特色支柱产业来重点发展。中药材种植是生物医药产业发展的源头，有言道："好山好水出好药""药材好，药才好"……。因地制宜，严格按照国家有关法规和科学技术指导规范种植，方能产出优质药材。基于云南生物资源开发现状考量，云南省中医药学会名特药材种植专业委员会汇集了云南药物研究所、云南农业科学院药用植物研究所、云南中医学院、云南农业大学等单位的专家学者，整理并撰写了目前在云南省中药材种植生产中有一定基础与规模的20个品种中药材的种植技术，编辑出版本丛书，较大程度地适应了各地中药材种植发展的迫切需要。

云南地处北纬21°～29°，纬度较低，北回归线从南部通过，全年接受太阳辐射光热多，热量丰富；加之北高南低的地势，南部地区气温高积温多，北部地区气温低积温少；南北走向的山脉河谷，有利于南方湿热气流的深入，使南方热带动植物沿河谷北上。北部山脉又阻

挡了西伯利亚寒冷气流的侵袭，北方的寒温带动植物沿山脊南下伸展。东面湿热地区的动植物又沿金沙江河谷和贵州高原进入，造成河谷地区炎热、坝区温暖、山区寒冷等特点。远离海洋不受台风的影响，大部分地区热量充足，雨量充沛。多种类型的气候生态环境，造就了云南自然风光无限，物奇候异，由此被人们美称为“植物王国”。

云南中草药资源十分丰富，药用植物种数居全国第一，在中药材种植方面也曾创造了多个全国第一。目前云南的中药材种植产业承担了云南全省乃至全国大部分中医药产品的原料供给。跨越式发展中药材种植产业方兴未艾，适应生物医药产业的可持续发展趋势尤显，丛书出版正当时宜。

本书编写时间仓促，编撰人员水平有限，疏漏错误之处，希望读者给予批评指正。

云南省中医药学会
名特药材种植专业委员会

目 录

第一章 概 述

滇龙胆*Gentiana rigescens* Franch.是龙胆科Gentianaceae龙胆属*Gentiana*（Tourn.）Linn.植物，又称为坚龙胆、南龙胆、龙胆草、胆草、青鱼胆等，是传统中药龙胆品种之一，为彝族药。是滇产重要道地药材，最早收载于《滇南本草》，为历版《中华人民共和国药典》收载品种，分布于云南、四川、贵州、广西及湖南等地，海拔1000~2500米的向阳荒地、疏林和草坡，云南临沧、楚雄、大理、昆明、普洱、红河等地为滇龙胆主产区。滇龙胆为常用大宗药材，其性味苦、寒，归肝、胆经；具有清热燥湿，泻肝胆火的功效；常用于湿热黄疸，阴肿阴痒，带下，强中，湿疹瘙痒，目赤，耳聋，胁痛，口苦，惊风抽搐。滇龙胆也是龙胆泻肝片、苦胆草片、小儿清热片等200余个品种的主要成分。

一、历史沿革

滇龙胆为传统中药龙胆基源植物之一。龙胆始载于《神农本草经》，列为上品，有“龙胆味苦寒。主骨间寒热，惊痫邪气，续绝伤，定五脏，杀蛊毒。久服益智不忘，轻身耐老” 的记载。《名医别录》《证类本

草》对其产地、药性、药效均有记载。《本草纲目》也有“性味苦，涩，大寒，无毒。主治骨间寒热、惊病邪气，继绝伤，定五脏，杀虫毒”的记载。《图经本草》还对其植物形态进行了描述，载有：“宿根黄白色，下抽根十余条，类牛膝而短。直上生苗，高尺余。四月生叶似柳叶而细，茎如小竹枝，七月开花如牵牛花，作铃铎形，青碧色；冬后结子，苗便枯，俗呼为草龙胆”。

滇龙胆在《滇南本草》有明确记载：“龙胆草味苦，性寒。泻肝经实火，止喉痛。”《植物名实图考》载有：“滇龙胆生云南山中，丛根簇茎，叶似柳微宽，又似橘叶而小。叶中发苞开花，花如钟形，一一上耸，茄紫色”。此滇龙胆为《滇南本草》所载的龙胆草，即今滇龙胆。

二、资源情况

20世纪70年代前，供应市场的龙胆完全依靠野生。当时由于野生资源保护较好，使市场所需求的龙胆基本上得以满足，没有出现脱销断档的现象。但自20世纪70年代之后，野生资源呈逐年下滑之势，据有关统计资料显示：20世纪50年代至60年代，野生龙胆的蕴藏量估算为2500～3000吨左右，由于各地的无序采挖，到了80年代至90年代，只有1000～1500吨，进入21世纪后，各地滥采滥挖愈演愈烈，野生产量只有500～700吨左右。

滇龙胆药材在2005年以前以野生采集为主，据云

南省农科院药用植物研究所的详细调查，滇龙胆在云南分布范围较广，除滇西北迪庆及滇南的西双版纳没有采到样品，在其余各州市均有分布。调查发现云南滇龙胆野生资源已迅速锐减并逐渐匮乏，不少原产地滇龙胆资源呈现稀缺趋势，传统产区其中仅有昆明的野生资源破坏相对较少，但在野外也难以发现；大理、曲靖、玉溪等州市破坏较为严重，例如巍山、富源、玉溪、峨山等传统产区已难以找到野生滇龙胆的踪迹；楚雄、保山的部分地区也遭到较大的破坏。在红河、文山、临沧、思茅等非传统产区交通不便，人烟稀少的山区还拥有少量滇龙胆野生资源，全省滇龙胆野生药材的年产量不足30吨，野生滇龙胆资源已逐渐匮乏，曾被列为国家重点保护野生药材物种（三级）及云南10个重要濒危药用植物之一。

三、分布情况

滇龙胆分布于云南的临沧、保山、文山、大理、楚雄、昭通、曲靖，四川的木里、布拖、冕宁、盐源、喜德、甘洛，贵州的遵义、正安、惠水、习水、凯里、水城等地。云南为滇龙胆的主产区及道地产区，分布区涵盖了滇中、滇东南、滇西、滇西北、滇南的广大区域，生长海拔为1100~3000米，气候带类型包括：北热带，南亚热带，中亚热带，北亚热带，南温带，中温带，年降水量在750~2000毫米之间，年平均温度在7~21℃之间，

土壤pH值在4.5~7.5之间，生长地坡度在0~65°之间，生境土壤包括：红壤、沙壤、黄壤、腐殖土。滇龙胆多生活在荒坡草丛间或针叶林和常绿阔叶林下及林缘，幼苗的生长需要较荫蔽的环境，如松林、杉木林下。

四、发展情况

龙胆为常用大宗药材，1963年被列为国家计划管理品种，由中国药材公司统一管理，1980年改由市场调节产销。20世纪90年代以前，其药材主要来源于野生资源，由于连年大量采挖，野生资源逐年减少，曾被国家药管局列为二级保护品种。20世纪80年代后很多科研院校及个体专业户对龙胆野生家植试验进行研究，目前人工驯化种植技术已基本成熟。在2005年以前滇龙胆药材主要靠野生资源供给，但因连年采挖，导致药材资源锐减。从2000年开始临沧云县茶房、大寨、涌宝3个乡镇率先开始野生滇龙胆的人工驯化种植，到2001年末全县有人工移植和采收野生滇龙胆种子撒播进行龙胆驯化栽培的母本扩繁基地30.4亩，以后逐年增加。到2010年临沧云县、永德等地人工驯化栽培滇龙胆面积已突破10万亩，但种植技术较为粗放。云南省农业科学院药用植物研究所从2005年起开始对滇龙胆种植技术研究，建立了种子处理、育苗、移栽、田间管理、病虫害防治、收获加工为一体的配套栽培技术体系。

据有关媒体报道，由于国内外医药市场开发新药，

医疗用龙胆的需求量逐年增加，每年递增10%左右，国内外市场对龙胆的需求量在3000~4000吨左右，其中年出口量大约在500吨左右，仅日本每年从我国进口龙胆药材达300吨。随着对滇龙胆药用价值的不断发现，临床配方及医药工业原料的需求量猛增，其市场需求量将进一步扩增。

第二章　分类与形态特征

一、植物形态特征

滇龙胆为多年生草本，高30~50厘米。须根肉质。主茎粗壮，发达，有分枝。花枝多数，丛生，直立，坚硬，基部木质化，上部草质，紫色或黄绿色，中空，近圆形，幼时具乳突，老时光滑。无莲座状叶丛；茎生叶多对，下部2~4对，鳞片形，其余卵状矩圆形、倒卵形或卵形，长1.2~4.5厘米，宽0.7~2.2厘米，先端钝圆，基部楔形，边缘略外卷，有乳突或光滑，上面深绿色，下面黄绿色，叶脉1~3条，在叶下突起，叶柄边缘具乳突，长5~8毫米。花多数，簇生枝头状，稀腋生或簇生小枝顶端，被包围于最上部的苞叶状叶丛中；无花梗；花萼倒锥形，长10~12毫米，萼筒膜质，全缘不开裂，裂片绿色，不整齐，2片大，呈倒卵状矩圆形或矩圆形，长5~8毫米，先端钝，具小尖头，基部狭缩呈爪，中脉明显，3片小，呈线形或披针形，长2~3.5毫米，先端渐尖，具小尖头，基部无狭缩；花冠蓝紫色或蓝色，冠檐具多数深蓝色斑点，漏斗形或钟形，长2.5~3厘米，裂片宽三角形，长5~5.5毫米，先端具尾尖，全缘或下部边缘有细

齿，褶偏斜，三角形，长1~1.5毫米，先端钝，全缘；雄蕊着生冠筒下部，整齐，花丝线状钻形，长14~16毫米，花药矩圆形，长2.5~3毫米；子房线状披针形，长11~13毫米，两端渐狭，柄长8~10毫米，花柱线形，连柱头长2~3毫米，柱头2裂，裂片外卷，线形。蒴果内藏，椭圆形或椭圆状披针形，长10~12毫米，先端急尖或钝，基部钝，柄长至15毫米；种子黄褐色，有光泽，矩圆形，长0.8~1毫米，表面有蜂窝状网隙。滇龙胆与其他3种龙胆的不同之处为：根近棕黄色，茎常带紫棕色；叶小，革质，卵形至卵状长圆形，主脉3出；花顶生或腋生，紫红色；花冠裂片先端急尖，裂片间褶呈不等边三角形（见图2–1）。

图2–1　滇龙胆植株

二、植物学分类检索

1. 花柱长，与子房等长或略短；茎呈四棱形，种子具翼。
2. 裂片披针形；花冠蓝紫色；褶剪割状
……………………………………… 1. 滇东龙胆*G. eurycolpa*
2. 萼裂片线形：花冠粉红色；褶流苏状 ………………………
……………………………………… 2. 红花龙胆*G. rhodantha*
1. 花柱短，明显短于子房或缺；茎不呈四棱形；种子不具翼。
3. 蒴果椭圆形，顶端无翼状附属物，内藏或与花冠等长；花无梗。
4. 种子表面具蜂窝状；萼不为佛焰状；茎基不覆盖残叶纤维。
5. 花4数，萼裂片具龙骨状突起；主茎不明显…………………
……………………………………… 3. 四数龙胆*G. lineolata*
5. 花5数，萼裂片具龙骨状突起；主茎明显。
6. 茎明显单一，稀簇生，直立；萼裂片椭圆形；花冠裂片上具绿色斑点。
7. 茎生叶狭椭圆形，顶端尾尖状；花蒴具基生叶
……………………………………… 4. 头花龙胆*G. cephalantha*
7. 茎生叶椭圆形或阔椭圆形，顶端钝，具凸尖，花期无基生叶……………………………………… 5. 滇龙胆*G. rigescens*
6. 茎明显簇生或基部多分枝，斜升；萼裂片不为椭圆形；花冠裂片上无绿色斑点。
8. 茎生叶椭圆形；萼裂片非匙形 ………………………

…………………………………… 6．贵州龙胆*G. esquirolii*

8．茎生叶倒卵形；萼裂片匙形 ……………………………………
…………………………………… 7．圆萼龙胆*G. suborbisepala*

4．种子表面不具蜂窝状；花萼佛焰状；茎基覆盖残叶纤维
…………………………………… 8．粗茎龙胆*G. crassicaulis*

3．蒴果倒卵形，顶端具狭翼状附属物，常伸出花冠外；花多具梗。

9．花冠褶流苏状。

10．植株高15厘米以上；茎生叶披针形；花蓝色……………
……………………………………9．少叶龙胆*G. oligophylla*

10．植株高不及10厘米；茎生叶三角状卵形；花淡蓝色
…………………………………… 10．流苏龙胆*G. Panthaica*

9．花冠褶全缘或裂，但决不呈流苏状。

11．萼裂片线形；叶边缘无软骨质；花长近2厘米，紫红色
…………………………… 11.深红龙胆*G. rubicunda*

11．萼裂片不为线形；叶边缘具软骨质；花长不及1.4厘米，不为紫红色。

12．萼裂片三角形，直立，不外弯。

13．基生叶卵圆形；萼裂片边缘不具软骨质。

14．茎生叶倒卵形………… 12.水繁缕叶龙胆*G. samolifolia*

14．茎生叶卵形或椭圆形…………… 13.小龙胆*G. parvula*

13．基生叶卵形；萼裂片边缘具带细齿的软骨质 …………
…………………………… 14.四川龙胆*G. sutchuenensis*

12. 萼裂片椭圆形，外弯。

15. 植株高不及5厘米；基生叶大，阔卵形或卵形……………………………………………………15. 灰绿龙胆*G. yokusai*

15. 植株高超过5厘米；基生叶披针形或狭披针形。

16. 茎密被深褐色腺毛；花在茎顶端密聚，无梗……………………………………………………16. 草甸龙胆*G. praticola*

16. 茎表面具瘤状突起，略带紫红色；花两两着生于枝端，但决不密聚，有梗……………………………………………………17. 念珠脊龙胆*G. moniliformis*

三、药材的性状特征

1. 药材性状

根茎极短，结节状，上有残茎痕，并常有越冬芽二至数十个；根茎侧面及下端着生有4～30余条根。根细长，略呈圆柱形，长10～23厘米，直径1～4毫米，近根茎处较细，向下逐渐增粗，常于距着生点3厘米左右处最粗，然后又逐渐变细，稍扭曲；表面黄棕色或红棕色，略呈角质状半透明，表面无横皱纹，有细的纵皱纹；表皮膜质，常脱落。质硬脆，易折断，断面平坦，木部黄白色，易与皮部分离。气微，味极苦。

2. 显微特征

根横切面： 最外层为内皮层，内皮层细胞横向排列，细胞呈长方形或类长方形，规则地排成环，每个细胞被径向纵隔分成8～16～26个子细胞，每个子细胞又横

向分成2～4～14个小细胞。韧皮部宽广，筛管群稀疏散在，靠内侧有较多筛管群。形成层不明显。木质部占横切面1/3以下，实心柱状，导管发达，木质部细胞壁均增厚，木化。无髓。薄壁细胞中有脂肪油滴、少量草酸钙针晶或棱晶。粉末特征：内皮层细胞类长方形，每个母细胞内由径向纵隔分成8～26个子细胞组成，每个子细胞又由横隔分成2～14个小细胞。木纤维较多，壁木化，有单纹。木薄壁细胞类圆形、长方形或方形，木化，有单纹孔。韧皮薄壁细胞方形、长方形或类长方形。木栓细胞少见，长方形，排列紧密整齐。薄壁细胞内可见草酸钙小针晶束或棱晶。

3. 混淆品鉴别

市场上曾出现以鬼臼（*Phizoma Dysosmae versipellis*）充作龙胆使用，造成多起中毒及死亡事件。鬼臼为小檗科（Berberidaceae）植物八角莲（*Dysosma versipellis* Hanee.M.Cheng）的根及根茎，别名桃儿七。在我国分布于陕西、甘肃、青海、云南、四川、西藏等地区，是当地的一种民间草药，其性寒、味苦、有毒，具有祛风湿、利气、活血、止痛、止咳之功能。据报道，鬼臼中含有的鬼臼毒素（Podophyllotoxin），对人体毒性很大，轻者出现上腹部不适、轻度腹泻，重者可导致中毒身亡。滇龙胆与鬼臼的区别：滇龙胆表面黄棕色、上部环纹明显、根较粗长草酸钙结晶众多，不规则充塞于薄壁细胞中，无淀粉粒，而鬼臼表面褐黑色，光滑或具纵皱

纹，粉末中含有大量淀粉粒。

图2-2　滇龙胆药材

第三章　生物学特性

一、生长发育习性

1. 种子的生长发育

滇龙胆种子细小，表面蜂窝状（见图3-1），长约525~1000微米，宽约250~600微米，千粒重在10.3 ~ 29 毫克之间。滇龙胆种子在自然条件下（室外）贮存寿命为1年，贮藏6个月后，种子发芽率开始明显下降，贮藏9个月后，70%以上的种子丧失了发芽率。滇龙胆是光萌发种子，没有光照种子难以萌发。滇龙胆种子在15 ~ 30℃条件下均可发芽，最适温度为25℃。滇龙胆种子萌发要

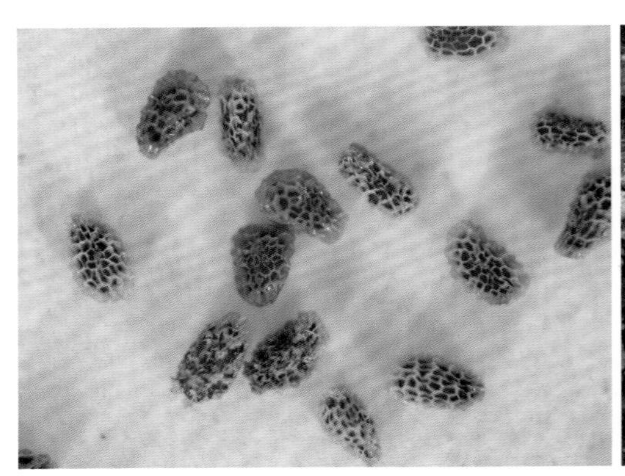

图3-1　滇龙胆种子及种苗

求较高的湿度，土壤含水量在30℃以上，空气湿度在60%～70%，温度不低于25℃时，23天左右即可萌发。通常滇龙胆种子整齐度和纯净度不高，自然成熟种子有20%左右不饱满，且多混有花被碎片和果皮等杂物，播种前应注意精选或加大播种量。500毫克/升赤霉素处理可明显缩短滇龙胆种子萌发时间，使种子发芽率提高到95%。

2. 根的生长发育

滇龙胆种子萌发后，当年形成胚根和主根在内的直根系。龙胆的须根是多年形成的，每年5月开始在根茎处形成一至数条新根，使根数逐年增加，形成不同龄的须根系。随着每年地上茎的更新和根的新生，根茎也逐年

图3-2 滇龙胆根

增大，当然最年老的根也逐年消亡。根茎节上生有不定根，野生龙胆根茎有1～3条不定根，人工栽培后，其数目因品种而异。

3. 芽的生长发育

植株经过冬季休眠期，第2年4月中下旬开始返青，越冬芽逐渐长成地上部茎、叶。在返青后不久即在根茎处开始形成新芽，到5月末明显可见。6～7月此芽生长缓慢，8月以后地上部的茎、叶生长基本停止，此后芽开始迅速生长，10月下旬芽就开始进入休眠期。在根茎交界处形成的不定芽为混合的活动芽，其数目不一，一般每株形成1～3组芽，每组芽2～4个。长短粗细不一，较粗长的芽优先发育。越冬芽的形成是植株度过不良环境的适应形式，也是地上器官的更新基础。多年生植株的根基部还形成小的休眠芽，当活动芽受损时，休眠芽也可形成地上器官。利用这种特性，可以进行人工分根繁殖。

4. 花的生长发育

龙胆开花时每株有花1~8朵，多年生可达10~25朵。8月下旬开始开花，花期延至9月下旬。每朵花初放时5个雄蕊紧贴雌蕊，花药靠近柱头周围，此时柱头未张开，比雄蕊短0.2~0.4厘米。滇龙胆从花初放至柱头张开大约两天时间，而花期8天，即正常授粉时间为6天。滇龙胆为簇生聚伞花序顶生或腋生，多年生植株在中上部叶腋处着生1至数朵不等，开花顺序为茎顶端先开花，之后是

临近叶腋处花序的顶花，然后为各花序下部的花，因而整株花期的持续时间较长，以单株来看从第一朵花开放到最后一朵花凋谢大约25 天左右。植株因霜冻而枯萎，枯萎期约两周左右。

花冠开放前1~2天时花药已经开裂（侧向开裂），有部分花粉散出。当花瓣首次张开时，5个雄蕊的花粉已经大部分散出。初花期时访花昆虫很少，盛花时访花昆虫不多。昆虫访花时间主要集中在8: 00~11: 00和14: 00~17: 00。早8:00之前，露水较大，温度较低，访花昆虫活动少。而8:00之后，露水渐退，温度逐渐升高，访花昆虫活动增加。在高温的中午，访花昆虫也较少，说明温度对访花昆虫存在影响。另外，大风天或阴雨天也见不到访花昆虫。滇龙胆访花昆虫少不利于异花传粉。花在每天闭合的过程中，使贴附在花冠筒内侧的五个雄蕊回收，导致花药离开裂的柱头很近，柱头开裂时向下反卷生长，有的则向外螺旋式地反卷生长，这样就缩短了柱头与裂开花药的距离，有利于自花传粉。

5. 果的生长发育

滇龙胆茎顶最早开放的花9月下旬果实完全成熟，开花到种子成熟大约25 天左右。未授粉的雌蕊逐渐枯萎，已授粉的雌蕊则在关闭的花冠内生长，子房膨大，种子逐渐成熟，至蒴果由枯萎的花冠内伸出变为紫色时，果实内的种子进入腊熟时期，此时已完全能萌发为幼苗。子房除背束所在部位都密生发育不等的倒生胚珠，至种

子完全成熟时蒴果二瓣裂，细小具翼的种子随风传播。每个果实内种子数量大约800~5000粒，其千粒重14~29毫克。

滇龙胆植株顶端的花先开放，相邻叶腋处的花逐渐开放，所以主茎顶端的花形成果实时叶腋处的花还在盛开。就单株来说，顶端和下部的果实发育不一致。腊熟种子萌发率高于晚熟种子。

二、对土壤及养分的要求

多生于向阳荒地、疏林和草坡。对土壤要求不严格，但土层深厚疏松，保水力好的腐殖土或沙壤土较适宜。滇龙胆在较为湿润的土壤中生长良好，忌干旱，且耐旱能力较强。土壤水分过多会影响滇龙胆的生长，而且会造成烂根。喜微酸性土壤，土壤中pH对种子萌发影响较大，但幼苗在这种条件下继续生长，有不利的趋势，应尽早栽种于近中性土壤中。

三、气候要求

喜阳光充足、冷凉气候，耐寒冷，忌夏季高温多雨，适宜生长温度20~25℃，喜生于林缘、林间、空地、疏林间、山坡、草甸等环境中，年平均相对湿度为60%，种子萌发时，必须有适宜的温度和一定的光照条件。苗期忌高温潮湿天气。

第四章　栽培管理

一、选地、整地

滇龙胆虽然对土壤要求不严格，但以土层深厚、土壤疏松肥沃、富含腐殖质多的壤土或沙壤土为好，有水源，平地、坡地及撂荒地均可。选地的基本原则：潮湿，肥沃，排水性好，日照时间短。选地后于晚秋或早春将土地深翻30～40厘米，打碎土块，清除杂物，施充分腐熟的农家肥每亩2000～3000千克，尽量不施化肥及人粪尿。用50%的多菌灵每平方米8克进行土壤处理。然后耙平作畦，畦面宽1～1.2米，高15～25厘米，作业道宽30～40厘米，畦面要求平整细致，无杂物。

二、种子选择和处理

于当年10月下旬，种子采自自然成熟的果实，子房已从枯萎花冠中伸出，子房开裂或尚未开裂，种皮变硬；对子房尚未从枯萎花冠中伸出，种子为绿色，种皮尚未变硬的未完全成熟的果实，采集回来后，在0~5℃干沙中埋藏一个月，待其成熟。随后将种子从成熟的果实中取出，洗净；再将种子在200毫克/升的赤霉素中、

25℃自然光照条件下浸泡24小时，进行种子发芽。

三、播　种

1. 直　播

在10月中下旬种子成熟时，采集籽粒饱满或成熟的种子作备用。选择背风向阳、湿润、富含腐殖质、离水源较近的壤土或沙质壤土的缓坡地块。

播种期为4月中上旬。播种前先将种子作催芽处理，方法是在播种前将种子用200毫克/升赤霉素浸泡24小时，捞出后用清水冲洗几次，用种子量3～5倍的细沙混拌均匀即可进行撒播。种子使用量按200克/亩计算。

图4-1　播　种

2. 育　苗

育苗地选择平坦、背风向阳、湿润、富含腐殖质、离水源较近的壤土或沙质壤土。育苗的播种期为4月中上旬。播种前先将种子作催芽处理，方法是在播种前5～10天，将种子用200毫克/升赤霉素浸泡24小时，捞出

后用清水冲洗几次，用种子量3～5倍的细沙混拌均匀，装入小木箱内，放在室内向阳处，上面用湿纱布盖好进行催芽，温度稳定在22～25℃，5～7天种子表面刚露出白色胚根时即可播种。或者播种前15天将新鲜种子用清水浸泡24小时，使种子充分吸水膨胀后沙藏2周，湿度保持60%～70%后即可播种。种子使用量按1000克种子播300平方米计算，播种前先用木板将畦面刮平、拍实，用细孔喷壶浇透水。待水渗下后，将处理好的种子再拌入10～20倍的过筛细沙，均匀地撒在畦面上。播完之后上面用细筛筛细的锯末或腐殖土盖1～2毫米，最后浇水。总之，播种应做到"浇透水、浅盖土"。整个育苗期约需5个月，当幼苗长至4～5对真叶，植株健壮、无病虫害，在9～10月份即可进行移栽。

滇龙胆除用种子育苗繁殖外，还可用分株、扦插、组织培养的方法繁殖。

（1）分根繁殖。龙胆的根系为须根系。包括根茎和须根，根茎甚短，每节仅在对生叶处生有潜伏芽。当顶端优势破坏后，潜伏芽可萌发地上枝。在野生条件下，当地上芽进入休眠期，生长停滞，则根茎上端的潜伏芽可形成越冬芽。根茎每节上生1~3条须根。根据根茎失去顶端优势，而潜伏芽可萌发为地上茎的特点，进行分根繁殖。方法是在秋季形成越冬芽后，将根茎切成3节以上，带有5~6条须根的切段埋入土中，第2年可长成新株。

（2）扦插繁殖。在6月选取2年以上的地上茎，剪

成5~6厘米长的插条，每段保留2个节以上，上部节保留部分叶片。将插条下端插入20毫克/千克萘乙酸水溶液中浸泡18小时，或用赤霉素1毫克/千克、6-苄基嘌呤1毫克/千克、萘乙酸1毫克/千克等量混合液体浸泡48小时。插床底部铺10厘米混合土（殖土、田土和粗沙等量混合），上层再铺3~5厘米的河沙，均需干热灭菌，浇透水，将插条插入，插完立即浇水，保持湿润。温度保持在20~28℃，一般10~15天可产生不定根，25~30天时不定根可长出5~6条，当不定根长到约5厘米时可定植到田间。初期保持土壤湿润，避免强光照射。定植应在入冬前2个月进行，以保证越冬根的形成。此种繁殖方法以东北龙胆效果为佳。

（3）组织培养繁殖。培养基配方：$Ca(NO_3)_2 \cdot 4H_2O$ 1000毫克/升、KH_2PO_4 250毫克/升、$MgSO_4 \cdot 7H_2O$ 250毫克/升、$CuSO_4 \cdot 5H_2O$ 0.04毫克/升、$(NH_4)_2SO_4$ 500毫克/升、柠檬酸铁5毫克/升、H_3BO_3 0.056毫克/升、Na_2MoO_4 0.02毫克/升、$ZnSO_4 \cdot 4H_2O$ 0.33毫克/升、NAA 1毫克/千克、Kt 0.5毫克/千克、蔗糖 20克、琼脂12克，pH5.8。操作方法：取2年生以上的龙胆春季萌发幼嫩枝条，用流水冲洗数遍后，再用75%酒精浸泡0.5分钟，0.1%升汞浸泡20分钟，无菌水冲洗4~5次，在无菌的条件下切取0.5厘米茎尖，每节为一段接种到琼脂培养基上。接种后放在25~27℃的培养室内培养，用40瓦日光灯适当补助光源，约17天顶端开始生长。腋芽形成侧枝，

32天左右形成明显的节间，49天后生根。培养50天可长成茎尖，具有3个节、2~4条根的完整小植株。将已获得的试管苗以每节为一段，继代扦插培养中，7~10天从腋叶生出新枝，23~25天生根，45天后可形成具有4~5个节的试管苗。可继续做继代培养的材料。1株试管苗1年可获得16000株小苗。获得的试管苗相当于2年生的实生苗，根系发达，移栽成活率高。

图4-2 育 苗

3. 移 栽

春秋季均可移栽。当年生苗秋栽较好，时间在9月下旬至10月上旬，春季移栽时间为4月上中旬，在芽尚未萌动之前进行。移栽时选健壮、无病、无伤的植株，按种苗大小分别移植。行距15 ~ 20厘米，株距10厘米，

图4-3 移 栽

沿畦面横向开沟，深度因苗而定，然后将苗摆入沟内倾斜45°，以便小苗的位置稳定，能较好地舒展根系。每穴栽苗1～2株，盖土厚度以盖过芽苞2～3厘米为宜，土壤过于干旱时栽后应适当浇水。

移栽要求：①株行距整齐均匀；②覆土深度松紧适宜；③不露根茎及苗芽；④不窝根、伤根；⑤倾斜度适宜；⑥不烈日晒苗；⑦移栽时要浇足定根水；⑧栽后保持畦面平整。

4. 栽培方式

滇龙胆栽培地点多选于荒坡。栽培滇龙胆前需对荒坡进行简单整地，然后撒播狗尾草种子，待第二年4~5月份，狗尾草结实前，剪短狗尾草，此时再撒播滇龙胆种子。由于滇龙胆幼苗生命脆弱，而荒坡条件下无高大乔灌木遮蔽，强烈的阳光可能使刚萌发的幼苗受到伤害；狗尾草在一定程度上起到遮阴的作用。由于狗尾草被剪短，植株高度受到限定，不会过渡遮阴影响幼苗生长。1年生滇龙胆植株矮小，待生长两年后，地上部分逐渐发达，植株高度超过狗尾草，竞争优势进一步明显，最终成为荒坡地上的主要物种。有较少药农荒坡栽培龙胆时，并不直接撒种，而是在杉木林下育苗，1年后再将滇龙胆幼苗移栽于整地并起垄的荒坡上。荒坡栽培过程中，对滇龙胆生长的干预很小，整个生产过程未使用农药及化肥，雨水为植株生长的主要水源。荒坡栽培条件下，滇龙胆伴生植物主要有以下几种：紫茎泽

兰（*Ageratina adenophora*）、鞭打绣球（*Hemiphragma heterophyllum*）、鼠曲草（*Gnaphalium affine*）、狗尾草（*Setaria viridis*）、苷青蒿（*Artemisia annua*）、土连翘（*Hymenodictyon excelsum*）、伸筋草（*Lycopodium japonicum*）、野香薷（*Elsholtzia ciliata*）。

除荒坡栽培方式外，还有其他多种栽培方式，

（1）龙胆茶树木瓜套种，该栽培方式常见于幼龄茶园，即首先将茶树和木瓜树混合栽培2~3年后，再将龙胆种子撒于茶园中，让茶树、木瓜、滇龙胆共同生长。

（2）龙胆木瓜套种，木瓜亦为重要经济林木，将滇龙胆种子撒于木瓜地中，作为木瓜的伴生植物。

（3）桉树林龙胆套种，滇龙胆栽培于桉树林下。

（4）人工杂木林下栽培龙胆，伴生植物常为松科、壳斗科、杜鹃花科的低矮乔灌木。

（5）龙胆旱冬瓜套种，即龙胆栽培于旱冬瓜林下。

滇龙胆林药套种模式刚起步，还有待探索发展。国内已有相关报道如：菊花与茶树套种，半夏、射干与油茶套种等。林药套种能提高山区土地利用效率，可实现生态及经济效益的双赢。目前荒坡栽培及滇龙胆茶树套种是使用最多的栽培方式。以上栽培方式为仿生栽培，栽培技术、管理水平还较粗放，土地利用效率低。滇龙胆与经济林木套种较荒坡栽培可能在生态保护，提高土地利率等方面具有优势。

在我国北方，药用龙胆的栽培方式主要为大田栽

培，耕作方式精细。但该方法并不适合滇龙胆人工栽培。云南大部分区域为山地，有限的耕地主要用于粮食生产，龙胆荒坡栽培及与林木套种可解决粮药争地。茶树、木瓜等经济林木是重要的生物资源，林药混合栽培为滇龙胆人工栽培提供了新方式，为云南其他有条件栽培滇龙胆的地方提供了可借鉴的方法。

图4–4　林下种植

四、田间管理

1. 苗期管理

播后至出苗前可用遮阳网搭成棚或者用稻草覆盖进行遮阴。合理遮阴可减少水分蒸发，减少浇水次数，待40天左右苗出土后再逐渐撤去遮阴物，保持50%光照即可。播种后应保持床面湿润，发现缺水，用细孔喷壶喷床面。喷水宜在晴天早晚进行，浇水次数依据床面湿度而定。种子萌发至第一对真叶长出之前，土壤湿度应控制在70%以上；一对真叶至二对真叶期间，土壤湿度控制在60%左右。苗出全之后，勤除杂草，以免和滇龙胆争夺养分。见草就拔，整个苗期除草4～5次。6～7月生长旺季根据生长情况适当施肥，当苗长到3对真叶时，可用0.05%尿素作叶面喷施，间隔15天后再用磷酸二氢钾0.05%第二次喷施。8月上旬以后逐次除去畦面上的覆盖物，增加光照促进生长。

2. 田间管理

龙胆的管理比较简单。无论采用什么方法育苗，移栽（行距20~23厘米、株距10~20厘米）后及时浇水。全部生长期内应注意适时松土、除草、追肥、摘除花蕾，以促进根生长。除草时不要受次数限制，本着除早除小，见草即除的原则。切不要待杂草长起来形成草荒时再拔草，这样既费工又伤苗。松土的目的是防止畦面土壤板结，提高土壤透气性，减少水分蒸发，除掉萌芽中

的杂草。移栽第一年松土为重点，第二年只在出土时松一遍土即可。移栽缓苗后，应及时用手或铁钉耙子被除因浇水造成的畦面板结层。注意移栽苗是斜栽的，松土时不要过深，以免伤苗或将苗带出。一般移栽龙胆后结合除草要松土2~3次。7月中旬在行间开沟追施尿素，每亩25千克左右。3～4年生植株，可选其健壮者作种株，保留花蕾，并喷1次100毫克/升赤霉素，增加结实率。促进种子成熟、籽粒饱满。越冬前清除畦面上残留的茎叶，并在畦面上覆盖2厘米厚腐熟的圈粪，防冻保墒。干旱时及时浇水，开花前追施1次过磷酸钙，亩用量20千克，以促进根系发育。为减少营养物质消耗，促进根系物质积累，加速根茎生长，非采种田在发现蕾出时应将花蕾全部摘除，保证根有足够的养分供给。

3. 种子的采收与储存

（1）种子采收　滇龙胆在正常气候条件下，9月下旬开始孕蕾，10月下旬进入开花盛期，11月中旬种子开始成熟。一般种子直接成熟果核开裂的情况很少，多数靠后熟。种子是否成熟，有如下特征：当蒴果为黄色，顶端开裂时，为直接成熟；核未开裂，但颜色呈黄色或蜡黄色的也是成熟特征；如果下霜后大部分果核仍比较硬，呈绿色，这时判断成熟的方法是扒开几个果核，取出绿色种子，用手捻开，如果白色种仁即可定为是可以后熟的种子。由于龙胆种子不是同一时间成熟，所以要成熟一批采一批，以免将开裂好的种子漏掉。采收后的

种子放在晾台上或苫布上晾晒，夜间要做好防冻工作。不能烘干和炕干。晒干后果核自然开裂，大部分种子自然散落，剩下少部分经翻倒几次也都脱出，用经细箩将种子筛出，晾晒几天干后装入布袋保存。

（2）种子储存　龙胆种子在土壤中发芽能力可保持二年，在库房中储存时间不准超过200天。有条件的可将种子放在低温下保存，没有条件的可将种子袋吊在仓库中保存，千万不能放在住人的室内保存。保存种子温度应在零度以下，不得超过零上10℃，否则严重影响种子出芽率。储存种子的湿度不能过大，湿度大易使种子发霉，种子储存库如过度干燥便会造成植物油大量挥发，从而影响种子发芽率。

4. 选留种子

11月下旬至12月中旬种子不断成熟，果瓣顶部开裂（种子已由绿色变成黄褐色），一般选取三年生以上的健壮植株，将花簇剪下，晾晒7～8天，用木棒敲打或用手搓揉果实，种子落下后除去茎叶，再晒5～6天，种子放在阴凉通风处贮存。

第五章　农药、肥料使用及病虫害防治

一、农药使用准则

龙胆生长的主要危害是病害，主要病害有炭疽病、锈病、褐斑病、灰霉病、圆斑病，所以龙胆使用的农药以广谱性杀菌剂为主。目前各产区为防治病害使用的农药种类比较多，使用方法比较混乱，主要使用的农药有代森锰锌、代森铵、多菌灵、甲基托布津、百菌清、杀毒矾、世高等，也有使用土壤消毒剂、生态改土肥、施肥（磷肥）等方法进行防治。

目前国内还未制定关于世高在农作物上的最大残留标准（MRL），参考毒性相近的农药的残留标准，在水果和粮食中最大残留应该保留在0.05毫克/千克～0.5毫克/千克之间，按其最小值进行计算，世高可湿性粉剂高剂量（400克/公顷），喷施农药1次以后，经过37.5天已经低于规定标准，考虑到产地和农药生产厂家不同，世高的降解速率会有所差异，所以增加一定的安全保护期，故建议龙胆规范化种植中，施用农药世高可湿性粉剂1次，安全间隔期应控制在40天以上，施药量应控制在400克/公顷以下。

我国尚未规定多菌灵在中药材中的最大残留限量（MRL），参考在蔬菜和水果类的最大残留量（最小为0.05毫克/千克），多菌灵可湿性粉剂按高剂量（2400克/公顷）使用，施药1次，药后第3天根中吸收达到最高，再经过6.34天已低于规定标准，考虑到产地和农药生产厂家的不同，多菌灵在龙胆中的降解可能存在一定差异，所以可增加一定的保护期，故建议龙胆规范化种植中，施用农药多菌灵可湿性粉剂1次，安全间隔期应控制在15天以上，施药量应控制在2400克/公顷以下。

二、肥料使用准则

1. 直播种植滇龙胆施肥技术

基肥施用：在种植滇龙胆头一年冬季，将选好种植地块割除地上杂草，然后进行深挖或翻犁，再粗耙（不用翻耙过细以保墒）。同时，清除地上草根或杂物，同割除的杂草堆放在一起用火烧除，将火烧土中适当混合钙镁磷肥（每亩50~100千克钙镁磷肥），均匀撒施在地块表面做基肥。有条件地方，在整地前将玉米秆、甘蔗渣和禽畜粪肥堆放在一起充分腐熟，然后均匀撒施地表，结合整地翻压入地中做基肥，一般每亩施腐熟厩肥1000千克左右。

种植绿肥：滇龙胆苗期喜阴湿环境，在播种滇龙胆时套作狗尾草，既可防止杂草生长，提高滇龙胆发芽率，促进龙胆苗期生长，而且狗尾草根腐烂后还是很好

有机肥，改善田间土壤结构，保水保肥，促进滇龙胆根系生长。一般每亩播狗尾草籽1.5~2.5千克，狗尾草应较滇龙胆提前1~2个月播种，待草长至10~20厘米时再播滇龙胆。狗尾草要在当年9~10月份收割除，秸秆留15厘米左右可起到遮阴保水作用。

种肥施用：滇龙胆种子很小，一般拌沙土后撒播。每亩播滇龙胆种子0.2~0.3千克，拌入100千克沙土。在100千克拌种沙土中可加入5千克钙镁磷肥（或过磷酸钙）和1千克硝酸钾做种肥，既可促进滇龙胆种子发芽生根，而且可补充苗期龙胆生长所需肥料。

二年生龙胆施肥：第二年3~4月份，结合田间拔草，可追施一次有机-无机复合肥（N-P-K=10：5：5），用量为10~20千克/亩（根据田间长势而定），田间均匀撒施。同时，结合田间病虫害防治，在展叶期至现蕾期进行2~3次叶面追肥，使用磷酸二氢钾（800~1000倍）、氨基酸叶面肥等叶面肥品种，进行叶面喷施。

三年生龙胆施肥：在第三年1月份，待籽种收获后将田间龙胆秸秆用火烧除，并撒施一次有机-无机复合肥，用量为15~25千克/亩（根据田间长势而定）。或者每亩撒施厩肥等有机肥500千克，以促进龙胆植株生长。同时，结合田间病虫害防治，在展叶期至现蕾期进行2-3次叶面追肥，使用磷酸二氢钾（800~1000倍）、氨基酸叶面肥等叶面肥品种，进行叶面喷施。

2. 育苗移栽滇龙胆施肥技术

种肥施用：滇龙胆种子很小，一般拌沙土后撒播。在100千克拌种沙土中可加入5千克钙镁磷肥（或过磷酸钙）和1千克硝酸钾做种肥，既可促进滇龙胆种子发芽生根，而且可补充苗期龙胆生长所需肥料。

苗肥施用：在9月份，龙胆苗有3~4片真叶时，可用稀薄沼液进行苗床浇施。或用磷酸二氢钾兑水800~1000倍进行浇施，促进幼苗生长，培育壮苗。

基肥施用：在种植滇龙胆头一年冬季，将选好种植地块割除地上杂草，然后进行深挖或翻犁，再粗耙（不用翻耙过细以保墒）。同时，清除地上草根或杂物同割除的杂草堆放在一起用火烧除，并将火烧土中适当混合钙镁磷肥（每亩50~100千克钙镁磷肥），均匀撒施在地块表面做基肥。有条件地方，在整地前将玉米秆、甘蔗渣和禽畜粪肥堆放在一起充分腐熟，然后均匀撒施地表，结合整地翻压入地中做基肥，一般每亩施腐熟厩肥1000千克左右。

二年生龙胆施肥：滇龙胆移栽缓苗后，为促使其尽快展叶，可结合田间病虫害防治进行叶面追肥，在展叶期至现蕾期进行2~3次叶面追肥，使用磷酸二氢钾（800~1000倍）、氨基酸叶面肥等叶面肥品种，进行叶面喷施。

三四年生龙胆施肥：每年待籽种收获后将田间龙胆秸秆用火烧除，结合田间拔草和松土，追施一次有机-

无机复合肥，用量为15~25千克/亩（根据田间长势而定），肥料施用方法为行间开浅沟条施，施肥后将土覆平即可。或者每亩施用厩肥等有机肥500千克，以促进龙胆植株生长。同时，结合田间病虫害防治，在展叶期至现蕾期进行2~3次叶面追肥，使用磷酸二氢钾（800~1000倍）、氨基酸叶面肥等叶面肥品种，进行叶面喷施。

三、病虫害防治

（一）病　害

1. 炭疽病

图5–1　滇龙胆炭疽病

滇龙胆炭疽病有两种症状，分别由半知菌类的胶孢炭疽菌［*Colletotrichum gloeosporioides*（Penz.） Sacc.］的两个种（或种内不同的生理分化型）侵染所致。

该病高温、高湿易发生，特别在高湿条件下，2周时

间即能使高感群体植株的叶片全部枯死。病菌在种子、土壤病残体或冬季不倒苗植株上越冬，第二年雨季来临时侵染健株发病，并通过分生孢子盘突破寄主表皮，其盘上分生孢子借风、雨在田间反复循环侵染进行为害，种植密度大，排水不良、阴雨多湿、多年连作田块易造成流行。

2. 灰霉病

植株主要是叶片和花序感病。叶上发病部位多在植株中、下部叶片，新叶要在连续阴雨一周以上才发病。发病初期，叶尖部失绿，呈暗绿色水渍状斑，后变成浅褐色干枯卷曲状。田间湿度大时叶尖或茎尖生长点周围会产生灰色或棕灰色霉层。花序发病呈萎蔫状，上密生灰色霉层，连续阴雨时，长霉层处腐烂变稀。

图5–2　滇龙胆灰霉病

病害由半知菌类的葡萄孢属（*Botrytis* Pers. ex Fr.）

菌引起。该病在低温高湿条件下易发病，以菌核在土壤中或以菌丝体在被害部、病株残枝、枯叶上越冬。第二年春，当气温达20℃左右，空气湿度大时，产生分生孢子侵入寄主组织，形成病斑，并不断产生分生孢子，随风雨、水流反复传播侵染。冬季不倒苗的植株能整年反复侵染为害。田间湿度大，植株过密有利于病害扩展。

3. 褐斑病

图5–3　滇龙胆褐斑病

该病主要感染叶片，一般从叶缘或叶尖开始发病，发病初期，病部呈水渍状，接着失绿变黄，以后变浅褐色，慢慢病斑扩大至1/3 ~ 1/2叶片或随病情发展，病斑相融合，叶片枯死。病斑不规则，浅褐色或深、浅褐色相间，具轮纹，连续多天阴雨或高湿下，病斑两侧中部可出现少量黑色小霉点，为病菌子实体。

病害由半知菌类交链孢属的细交链孢菌（*Alternaria tenuis* Nees）引起。

该病在高湿条件下极易发生。病菌以菌丝及分生孢子在病残体、种子、不倒苗植株的病组织内越冬，第二年当温度在13 ~ 15℃时，产生分生孢子，借风、雨传播，发病产孢后通过雨水和灌溉水进行再侵染。用川芎、重楼等其他植物上分离出的细交链孢菌接种于滇龙

胆上也会发病，所以该病害的初侵染来源广泛。

4. 锈　病

滇龙胆锈病由担子菌类，锈菌目，半知锈菌群的锈（春）孢锈菌属（*Aecidiumpers*）菌引起。该病原菌的冬孢子阶段不详，在滇龙胆叶上只发现性子器、锈孢子阶段。病害主要为害叶片，发病初期，叶片呈圆形水浸状失绿，以后叶片正面退绿变黄，叶背出现白色或黄色的疱状斑，为病菌的性子器（白色）和锈孢子器（黄色）。后期，锈孢子器表皮破裂，散出黄粉，为病菌的锈孢子，病害严重时，黄斑布满全叶，叶片枯死。

图5–4　滇龙胆锈病

病菌以冬孢子在其他植物上越冬，第二年条件适宜时冬孢子萌发产生担子，其上的担孢子传至滇龙胆上入侵，由单核的初生菌丝集结形成性孢子器，其产生性孢子梗、性孢子和受精丝，性孢子与受精丝结合产生双核菌丝，双核菌丝萌发产生锈孢子器，锈孢子器老熟破裂后，其内的锈孢子借风、雨、流水在滇龙胆上反复侵染。高温高湿为发病的主要条件，云县气温高于临翔区，病害普遍发生，而临翔区只偶有发生。

5. 滇龙胆圆斑病

该病主要受害部位为叶片，感病初期，病部失绿变黄，以后呈干枯状浅褐色圆斑，病斑明显隆起，具轮纹，连续多天阴雨时，病斑上出现霉点。发病后期，病斑相连成片，形成全叶干枯，叶正反面均有凸起的大小不等的黑点物，为病菌分生孢子盘。

病害由半知菌类黑盘孢目拟盘多毛孢属菌（*Pestalotiopsis* Steyaert）引起。

6. 滇龙胆叶枯病

病害由半知菌类的匐柄霉属（*Stemphylium*）、壳二孢属（*Ascohyta*）及子囊菌类格孢腔菌（多胞菌）属（*Pleospora*）等单独为害或联合侵染所致，主要为害叶片，造成叶枯。叶上两面病菌子实体呈圆形块状、点状或不规则形凸起的黑斑，黑斑间隙发黄干枯。

7. 滇龙胆胞囊线虫及根结线虫病

图5–5　滇龙胆胞囊线虫及根结线虫病

病害由异皮科，胞囊线虫属（*Heterodera*）线虫或根结线虫属（*Meloidogyne*）线虫引起。发病植株地上部症状不明显，植株上部微失绿变黄，地下部条根根端上产生大小不等的单葫芦形瘤状物或小球状根结，而阻断此条根的继续生长，产生瘤状物处和根结处生成乱麻状须根，有的须根上产生少量根结。瘤状物、根结内或根膨大处有3～4龄雌雄幼虫及雌成虫、卵囊，根际土壤内有雄成虫、卵及二龄幼虫。

线虫以卵、侵染性二龄幼虫在土壤、植株残根、冬季不倒苗根及其他寄主根中越冬，以二龄幼虫完成初侵染及重复侵染。每年春季温、湿度适宜时卵在卵壳内发育为一龄幼虫，进行第一次蜕皮，后破壳孵化，成为二龄幼虫，侵染性二龄幼虫从滇龙胆根冠侵入，在根尖细胞生长区内进行取食及第二、三、四次蜕皮活动，并刺激寄主产生巨型细胞，以后变成成虫，雄成虫逸出根回到土壤中，寻觅雌成虫交配或不交配，雌成虫在寄主内繁殖产卵或产卵器伸出根外产卵。较湿、高温及沙土、砂壤土等通透良好土质的土壤有利于发病，土壤水分过饱和或过干燥不利根结线虫活动。病害可通过移栽苗、农具、流水进行传播。

（二）防治方法

滇龙胆真菌病害主要有炭疽病、锈病、褐斑病、灰霉病、圆斑病及球壳目类真菌引起的叶枯病等，其中以第一种症状炭疽病发生面最广。生育期在一年内的滇

龙胆植株主要发生灰霉病和褐斑病，而生育期在两年以上的植株多数是炭疽病和锈病两种或多种叶斑病害重复侵染。

滇龙胆野生家种后，病害种类及严重度增加。因是多年生植物，随着种植年限的增加，种植系统中病菌积累，使得各类病害越来越重，龙胆产量及品质受到极大影响。龙胆产区的种植是满山遍野的种植法，对单户农户来说面积较大，病害来了，用杀菌剂进行化学防治不现实，成本极高，农户负担不起，也易污染环境，病害只能进行生态治理即用一些农业措施如清洁田园、轮作、合理密植、仿生栽培等方法来治理病害。

1. 清洁田园

各类病害的病原菌都是附着于植株病残体上在土壤中越冬，第二年危害发出来的新植株。每年收获时把田园清洁干净，减少病菌积累即可减少危害。

2. 轮作

龙胆收获后种一伐禾本科作物如玉米、陆（旱）稻或豆科作物如猪屎豆、苜蓿，这样可隔离病菌，让病菌没有寄主而亡；许多植物如烟草是多种类根结线虫及胞囊线虫的高感染植物或菠菜、芫荽可刺激线虫卵提早孵化，种植这些作物可诱捕土壤中的线虫，在收获这些作物时要连根拔，然后集中烧毁根部，可大大减少线虫基数，减轻对龙胆的危害；或具有杀线虫功能的植物如万寿菊等进行轮作换茬，减轻线虫数量。

3. 合理密植

病害一般是在高湿环境下容易暴发，龙胆如果密植，植株间不通风透光，植株间的湿度加大，为病菌繁殖提供了有利条件，加大了病害发生、暴发。雾大、湿度大的山区提倡稀植，使植株通风透光，这样可阻碍病菌繁殖的湿度条件，减低危害。

4. 仿生境栽培

野生龙胆病少、病轻或不得病，是因为在它周围环境中存在有许多伴生植物，这些伴生植物会克制危害龙胆的病菌繁殖生长，保护了龙胆病轻或不得病。自然界中野生条件下所有的植物都遵循这个规律，这就是植物在野生条件下病少、病轻，而大面积家种后暴发成灾的原因。在茶园中套种龙胆，炭疽病轻或无病，只是锈病严重，但龙胆上锈病的危害远远没有炭疽病严重。所以要有效地、环保地、节约成本地防治龙胆病害应进行仿生境种植，即在龙胆地中适当套种上面的一些龙胆伴生植物或不要把山全开垦出来，而留一些这些植物再撒播龙胆种子。

5. 种子处理及杀菌剂中心病株围堵或其他措施

炭疽病及其他叶斑病：用种子重5‰的50%多菌灵、60%炭疽福美可湿性粉剂等杀菌剂进行种子处理；50%退菌特（三福美）、75%百菌清、80%炭疽福美可湿性粉剂800倍液、40%福星（氟硅唑）3000倍液、10%世高（噁醚唑）水分散颗粒剂、30%特富灵（氟菌唑）可湿

粉1000倍液喷雾控制中心病株。

锈病：用种子重量5‰的25%三唑酮、50%多菌灵、75%卫福或种子重量1%的20%萎锈灵乳油拌种；发病初可用25%三唑酮（粉锈灵）、50%福美胂、75%萎锈灵、50%退菌特（三福美）、10%世高（恶醚唑）水分散颗粒剂、30%特富灵可湿性粉剂1000倍液或25%敌力脱（丙环唑）乳油2000倍液、40%福星（氟硅唑）3000倍液等喷雾中心病株。

线虫病：线虫高发地块在龙胆播种前用地膜覆盖土壤（最好在雨后覆膜）10天以上，使膜下变成高温高湿环境，可杀死部分卵及二龄幼虫然后再播种龙胆。在覆膜前撒上石灰氮（50%氰氨基钙颗粒剂）80公斤/亩，盖上稻草、秸秆碎屑可增加土壤温度。开春时先撒一些对线虫高感植物如烟草、马铃薯、菠菜、芫荽等的种子种植2～3个月或感染根结线虫后，连根拔起这些植物集中处理，可带走土壤中线虫，然后再播种龙胆以减少危害。

（三）虫 害

花器吸浆虫：属双翅目长角亚目瘿蚊科。

该虫以幼虫危害花器和吸食花器内浆液，造成种子瘪粒。成虫体长2～2.5毫米，姜黄色，略像蚊子，触角细长，14节，形状像一串珠子，有一对翅膀。瘿蚊科成虫脆弱，飞翔能力不强，多在幼虫生活场所附近栖息，只少数种类夜间有趋光性。卵产于寄主植物表面、花蕾

或嫩芽的隙间、树皮缝内以及幼虫生活的其他场所。多散产，不成卵块。幼虫扁卵形或纺锤形，姜黄色，体长2.5毫米。

防治：用内吸性杀虫剂“吡虫啉”类2000倍液、80%的敌敌畏乳油缓释剂1000倍液于滇龙胆开花末期喷施花部。

第六章　收获及初加工

一、采收期

栽培滇龙胆生长3～4年后（移栽2～3年后）即可采收入药。由于根中总有效成分含量在枯萎至萌动前为最高，因此每年龙胆收获时节为春、秋两季，以秋季收获为佳。春季在未萌动前进行，因龙胆萌动后，本身营养物质消耗，影响药效及折干率。秋季10~12月份采收，留种田1月份采收。采收时用镐从畦两侧向内将根刨出，不准用镐从畦面往下刨，以免刨坏根茎。起货时注意气温变化，当温度过低时，不能起货，虽然龙胆根在土壤中可抗御–40℃的低温，但出土后的根茎一经受冻后呈透明状，有效成分及折干率可下降15%～20%，因此，做货时应特别注意防冻。

二、初加工

（1）清除泥土杂质，将起出的鲜品运回加工点，用喷水枪将泥土冲洗干净，也可人工冲洗，将杂质清理干净，但不准过度揉搓，以免降低药效成分。

（2）将洗净的龙胆捋齐装盘，放入干燥室进行烘干。烘干室内温度应控制在30～45℃，经40～60小时即可烘干。烘干期间要不断调整烘干盘的位置，以防干燥受热不均或烘焦。如数量小，可采用室内自然阴干（忌曝晒）。

（3）打潮捆把。把烘干好的龙胆根条整理顺直，数个根条合在一起捆成小把，把的大小要均匀适度，一般40～60克为宜。捆好后放在塑料膜上，摆一层，喷一层温水，喷水不要过量，喷好后将其包好。经2～3小时后，将其打开，再整齐装入盘内，放入低温室进行二次干燥。

三、质量规格

根据国家医药管理局、中华人民共和国卫生部制定的药材商品规格标准，龙胆商品分龙胆、滇龙胆两种，均为统货。龙胆系指黑龙江、吉林、辽宁、内蒙古生产的关龙胆，其原植物包括龙胆、条叶龙胆、三花龙胆。龙胆，干货，呈不规则块状，顶端有突起的茎基，下端生多数细长根，表面淡黄色或黄棕色，上部有细横纹，质脆易折断，断面淡黄色，显筋脉花点，味极苦，长短大小不分，无茎叶，杂质、霉变。滇龙胆，干货，呈不规则节状，顶端有木质茎秆，下端着生若干条根，粗细不一，色黄、半透明，多纵皱纹，残茎少，质坚脆，折断中央有黄色木心，总灰分不得超过7%，无茎叶、杂

质、霉变。

四、包装、贮藏与运输

1. 包装标识

（1）袋外标识。聚乙烯包装袋表面应印有绿色楷体文字“中药材：滇龙胆”。

（2）袋内标识。聚乙烯包装袋内应装有纸质说明书，说明书必须标明商标、品名、等级、净重、生产单位、产地、质检人员、包装人员、验收人员。

（3）箱外标识。瓦楞纸包装箱箱体应贴有标签，标签应标明：商标、药材名称、等级、规格、重量、包件号码、产地、生产单位、批号、生产日期、保质期、有效成分含量等。

2. 包装方法

（1）装袋。用无毒聚乙烯包装袋包装，每袋分装1千克，误差控制+10千克，在装入一张文字朝外的说明书，真空包装。

（2）装箱。在瓦楞纸箱内用黑褐色牛皮纸垫衬和覆盖，每箱装袋封箱箱体应标注品名、规格、数量、重量、批号、生产单位、装箱人代号章等。

3. 贮藏要求

（1）基本条件。仓库应通风、干燥、阴凉、无异味、避光、无污染并具有防鼠、防虫的设施。

（2）温湿度。仓库相对湿度45%~60%，温度控制

在0~20℃之间。

（3）放置。药材应存放在货架上，与地面距离15厘米、与墙壁距离50厘米，堆放层数为8层以内。

（4）药材贮存期应注意防止虫蛀、霉变、破损等现象发生，做好定期检查养护。

4. 运输条件

运输工具必须清洁、干燥、无异味、无污染、通气性好，运输过程中应防雨、防潮、防污染，禁止与可能污染其品质的货物混装运输。

第七章　应用价值

一、药用价值

滇龙胆药理作用：①能促进胃液分泌，使游离酸增加；②保肝利胆作用；③利尿作用；④抗菌作用；⑤抗炎作用；⑥抗甲亢作用。

滇龙胆性寒味苦，归肝、胆经；具有泻肝胆实火、除焦湿热及健胃的功效；用于治疗高血压，头昏耳鸣，肝胆火逆，肝经热盛，小儿高热抽搐，惊痫狂躁，流行性乙型脑炎，目赤肿痛，咽痛，肋痛口苦，胆囊炎，妇女湿热带下，胃炎，急性传染性肝炎，中耳炎，尿路感染，膀胱炎，心腹涨满，消化不良，带状疱疹，急性湿疹，阴部湿痒，热痢，阴囊肿痛。临床上常用作治疗肝胆疾病、高血压病、急性肾盂肾炎、病毒性角膜炎、皮肤病、急性咽炎、慢性支气管炎、上呼吸道感染、结膜炎等病症。

滇龙胆验方：①目赤口苦，胸胁烦闷，头痛目眩：滇龙胆15克，水煎分2次温服；②湿热毒疮，湿疹：滇龙胆20克，救必应、虎杖各30克，水煎分3次温服；渣加刺苋菜、扛板归各60克，煎汤外洗患处；③湿热咽喉肿

痛：滇龙胆15克，山豆根20克，毛冬青根30克，水煎分3次冷饮；④热病食欲不振：滇龙胆15克，山楂、槟榔各10克，淮山、玉竹各20克，水煎服。

滇龙胆是一种用途广泛的清热燥湿药，用于多种中成药。如龙胆泻肝片、龙胆泻肝颗粒、龙胆注射液、苦胆草片、小儿清热片、十味龙胆花颗粒、泻肝安神胶囊等。

二、经济价值

龙胆在1995~2004年近10年的价格变化中，北龙胆因量大质优在2002年前每千克价格一直在30元以上波动。南龙胆过去因价格低受药厂欢迎，致使价格慢慢攀升，目前其价格已超过北龙胆价格，每千克在40元左右。

我国许多大型制药集团以龙胆为主要原料开发了大量的新药、特药和中成药，如龙胆泻肝汤、龙胆泻肝片、龙胆泻肝颗粒、龙胆注射液、苦胆草片、小儿清热片、十味龙胆花颗粒、泻肝安神胶囊等，约有200余个品种，这些新产品和中成药投入市场后销量可观。

参考文献

1 云南省药物研究所编著.云南重要天然药物. 昆明：云南科技出版社，2006，12.

2 中国医学科学院药物研究所，等编著.中药志. 北京：人民卫生出版社，1982，05.

3 中国科学院中国植物志编辑委员会编.中国植物志. 北京：科学出版社，1988，06.

图书在版编目（CIP）数据

滇龙胆 /《云南名特药材种植技术丛书》编委会编
. -- 昆明 : 云南科技出版社, 2013.7
（云南名特药材种植技术丛书）
ISBN 978-7-5416-7289-7

Ⅰ. ①滇… Ⅱ. ①云… Ⅲ. ①龙胆－栽培技术 Ⅳ.
①S567.2

中国版本图书馆CIP数据核字（2013）第157896号

责任编辑： 唐坤红
李凌雁
洪丽春
封面设计： 余仲勋
责任校对： 叶水金
责任印制： 翟　苑

云南出版集团公司
云南科技出版社出版发行
（昆明市环城西路609号云南新闻出版大楼　邮政编码：650034）
云南灵彩印务包装有限公司印刷　全国新华书店经销
开本：850mm × 1168mm　1/32　　印张：1.875　字数：47千字
2013年9月第1版　　2019年10月第5次印刷
定价：15.00元

云南名特药材种植技术丛书

Dianlongdan

《云南名特药材种植技术丛书》编委会 编

云南出版集团公司
云南科技出版社
·昆 明·